SITZUNGSBERICHTE DER SÄCHSISCHEN AKADEMIE
DER WISSENSCHAFTEN ZU LEIPZIG

Mathematisch-naturwissenschaftliche Klasse
Band 110 · Heft 1

PAUL GÖRLICH

ÜBER DIE
LASER UND IHRE ANWENDUNG

AKADEMIE-VERLAG · BERLIN
1972

Vorgetragen in der Sitzung vom 28. Juni 1971
Manuskript eingeliefert am 9. August 1971
Druckfertig erklärt am 9. April 1972

Erschienen im Akademie-Verlag GmbH, 108 Berlin, Leipziger Straße 3–4

Lizenznummer: 202 · 100/576/72
Gesamtherstellung: VEB Druckhaus „Maxim Gorki", 74 Altenburg
Bestellnummer: 761 727 8 (2027/110/1) · ES 18 B 5
2,30
Printed in German Democratic Republic

INHALTSVERZEICHNIS

1. Einleitung

Mehr als zehn Jahre sind vergangen, seit mit dem ersten Maser (Microwave Amplification by Stimulated Emission of Radiation) und sechs Jahre später mit dem ersten Laser (Light Amplification by Stimulated Emission of Radiation) durch Experimente von CHARLES TOWNES (Maser) und MAIMAN (Laser) die lange Jahre vorher von EINSTEIN [1] und NIELS BOHR geprägten und angewandten „theoretischen" Begriffe vom „angeregten Atom", von der „angeregten Strahlung" und der „stimulierten Emission" als real „existierende" Begriffe nachgewiesen wurden. Durch CHARLES TOWNES und SCHAWLOW sowie durch BASOW und PROCHOROW wurde in der zwischen der Entdeckung des ersten Masers und der des ersten Lasers liegenden Zeit das Maserprinzip auf das Licht übertragen, wofür TOWNES, BASOW und PROCHOROW 1964 den Nobelpreis für Physik erhielten (oft wird anstelle des Wortes „Laser" auch der Begriff „Quantengenerator" benutzt) [2].

Inzwischen kennt praktisch bereits ein zehnjähriger Schuljunge das Wort „Laser". Oft fragt man sich, in welchem Zeitalter wir leben, im „Zeitalter der Kosmischen Forschung", im „Atomzeitalter", im „Zeitalter der Plaste" oder im „Laser-Zeitalter". Man versteht diese Aussagen sofort, wenn man in Kombination die Begriffe „Wissenschaftlich-Technische Revolution" einerseits und „Physik" andererseits oder „Physik" einerseits und „Technischer Fortschritt" andererseits analysiert [3]. In fast allen Aufsätzen, die sich mit dieser Frage beschäftigen, werden die Erläuterungen mit Raumfahrtfragen, mit kernphysikalischen Problemen und nicht zuletzt mit den Erfolgen, die auf dem Lasergebiet erzielt wurden, gekoppelt. In der Tat ist der Laser ein brauchbares Beispiel dafür, zu erläutern, welchen Nutzen rasch in die Technik umgesetzte physikalische Forschung bringen kann. Ich hielt es dieser Feststellungen wegen für sinnvoll, die Anwendungen der Laser zu beleuchten, aber auch für wichtig deshalb, weil die Nutzung des Lasers in vielen Wissenschaftsdisziplinen möglich ist und uns daher in der interdisziplinären Arbeit unserer Akademie besonders interessant sein muß.

2. Skizzierung der Laser und ihrer Eigenschaften

Obwohl bereits eine Vielzahl zusammenfassender, übersichtlicher Literatur über Laser vorliegt [4], scheint es doch sinnvoll, einleitend über die Wirkungsweise des Lasers ein Wort zu verlieren.

Die Absorption der Strahlung in einem Medium läßt sich durch das bekannte Absorptionsgesetz

$$I = I_0 \, e^{-\alpha l} \tag{1}$$

beschreiben. Es bedeuten I_0 die einfallende Intensität, I die heraustretende Intensität, l die durchsetzte Absorptionsstrecke und α die Absorptionskonstante. Die Absorptionskonstante α ist proportional der Differenz aus der Anzahl der Atome N_1 in einem unteren Energiezustand und der Anzahl der Atome N_2 in einem oberen Energiezustand, also proportional $N_1 - N_2$. Wenn der untere Energiezustand überwiegend besetzt ist, ist α positiv und die normale Absorption tritt auf. Gelingt es aber, den umgekehrten Zustand hervorzurufen, also $N_2 > N_1$ zu machen, wird α negativ, und man kann Verstärkung erwarten (vgl. Gleichung (1)). Diese Möglichkeit führt zu einer „induzierten Emission“ im Gegensatz zur bekannten „spontanen Emission“. Will man die stärkere Besetzung des höheren Niveaus erzwingen, so muß man durch das sogenannte „Pumpen“, also durch Einstrahlung einer bestimmten Anzahl von Photonen/s, das Aufrechterhalten der höheren Besetzungsdichte erzwingen, man muß eine „inverse Besetzung“ hervorrufen. Die Verwirklichung einer inversen Besetzung ist in Stoffen möglich, in denen metastabile Energiezustände vorhanden sind. Bestrahlt man einen derartigen Stoff mit Licht, so gehen die Atome in angeregte Zustände über, ein großer Teil davon in die langlebigen metastabilen Zustände. Es können nunmehr, und darin besteht die Wirkung des Lasers, unter Einwirkung von Licht entsprechender Wellenlänge Übergänge vom metastabilen Zustand in den Grundzustand induziert werden, die sich in einer Laser-Ausstrahlung auswirken. Diese Laser-Ausstrahlung hat bemerkenswerte Eigenschaften, sie ist zeitlich und räumlich kohärent, stark gerichtet und äußerst monochromatisch. Heute arbeitet man vornehmlich mit dem Rubin-Laser, dem Neodym-Laser ($CaWO_4/Nd^{3+}$) und dem Chelat-Laser, Quantengeneratoren, die unter den Begriff „optisch gepumpte“ Laser fallen. Eine zweite Gruppe stellen die Gasentladungslaser dar, bei denen die Energie durch Stoßanregung den Molekülen oder Atomen zugeführt wird. Eine wesentliche Rolle unter den Lasern spielt der Halbleiterlaser. Er beruht darauf, daß Elektron-Loch-Paare in Halbleitern angeregte Zustände darstellen und daß bei ihrer Rekombination die Bindungsenergie als Quant emittiert wird. Die Anregung der Elektron-Loch-Paare kann durch Lichteinstrahlung oder Elektronenbeschuß erfolgen.

In letzter Zeit hat der „Chemische Laser“ starke Aufmerksamkeit erregt. Ein von der Aerospace Corp. hergestellter chemischer Laser beruht darauf, daß Schwefelhexafluorid durch lichtbogenerhitzten Stickstoff unter Bildung von Fluoratomen zur Spaltung gebracht wird. Die Fluoratome läßt man durch eine Düse strömen. Unter Mischung der Fluoratome mit Wasserstoff erzeugt man ein schwingungsangeregtes Wasserstoff-Fluorid, das, mit Ultraschallgeschwindigkeit durch einen optischen Resonator strömend, seinen Energiezustand durch Wechselwirkung mit spontan entstandenen Photonen ändert. Die Zustandsänderung bewirkt Aussendung von Laserstrahlung im Bereich von 2,6 bis 2,9 μm (über Voraussetzungen zur Schaffung chemischer Laser vgl. [33]).

3. Produktion von Lasern

Will man die Laser für technische Zwecke wirkungsvoll nutzen, so müssen zwei Bedingungen, die an sich trivial klingen, erfüllt sein, es muß weitgehend

- die Laserphysik beherrscht werden, d. h. die Forschungen auf dem Gebiet der Laserphysik müssen laufend stark gefördert werden, und ebenso
- die Technologie bei der Herstellung von Lasern, denn die Entfaltung einer „neuen Technik“ verlangt jedesmal eine neue und vollkommenere Technologie [28].

Beide Bedingungen sind gekoppelt, und eine rege internationale Entwicklung, die anfänglich aus verständlichen Gründen recht hektisch betrieben worden war, aber nunmehr als systematische Aufwärtsentwicklung bezeichnet werden kann, ist im Gange. Bis zum heutigen Tage sind über 150 Laserarten gefunden worden, unter denen diejenigen, die hohe Wirkungsgrade zu erzielen gestatten, eine bevorzugte Stellung einnehmen (z. B. der Rubin-Laser, der CO_2-Laser, der Molekular-Gas-Laser). Derartige Hochleistungslaser bzw. Hochleistungsgeneratoren sind im Stande, stärkste Laserimpulse bis zu ~ 20 Joule Energie mit einer Dauer in der Größenordnung $\sim 10^{-11}$ s abzugeben. Man bedenke bei Angabe dieser Werte, daß diese Leistung von $\sim 2 \times 10^{12}$ W der Kapazität von einigen hundert Kraftwerken entspricht. Die in dieser kurzen Zeitspanne außerordentlich hohe Leistung kann durch Abruf der im Laser gespeicherten Energie nur dadurch erzielt werden, daß bestimmte Maßnahmen getroffen sind, z. B. der Riesenimpulsbetrieb und die Modenkopplung [5]. Im allgemeinen arbeiten vornehmlich Festkörperlaser im Impulsbetrieb, hingegen Gaslaser kontinuierlich.

Um optisch gepumpte Laser-Resonatoren herstellen zu können, benötigt man

— das atomare System (Aktivator), in welchem die Absorptions- und Emissionsprozesse ablaufen,
— das optische Medium, in dem die Aktivatoren in atomarer Verteilung homogen eingebettet sind und
— eine geeignete Resonanzstruktur, etwa einen Zylinder mit verspiegelten Endflächen.

Den Untersuchungen von Gast-Kristallgittern, in denen die Aktivatoren eingebaut sind, wird daher laufend großes wissenschaftliches Interesse entgegengebracht (vgl. z. B. [6]). Das Interesse an den Halbleiter-Lasern, insbesondere an den GaAs-Lasern, wird in gleich starker Weise durch die Ausrichtung der Forschung auf *pn*-Übergänge (vgl. z. B. [7]) bekundet. Beide Forschungsrichtungen, Kristallforschung und Erforschung der *pn*-Übergänge, führen zu Ergebnissen, die vielfach nutzbar sind (Kristallforschung → außer Laserkristalle optische Kristalle, Polarisatoren, Kompensatoren, Lichtmodulatoren, Oszillatoren, Ultraschallgeber, Lagersteine etc.; Erforschung der *pn*-Übergänge → außer Halbleiterlaser Transistoren, Dioden, Photodioden und -elemente, Tunneldioden etc.), d. h. aber, daß nicht speziell auf Nutzung für die Laser ausgerichtete Forschungen Fortschritte auch für die Laserforschung erbringen können und bereits erbracht haben.

Für die Anwendung der Laser ist es erforderlich, definierte Ausstrahlungseigenschaften der Laser zu beherrschen. In diesem Zusammenhange sei auf den bereits erwähnten Begriff „Riesenimpulslaser" nochmals zurückgekommen. Bereits 1961 wurde der Vorschlag gebracht [8], die Güte des Laserresonators auf exakt definierte Impulse hin zu steuern, denn ein im Impulsbetrieb arbeitender Festkörperlaser zeigt von sich aus eine Emission, die aus einer Anzahl statistisch aufeinanderfolgender kurzer Impulse, sogenannter „Spikes", mit unterschiedlicher Halbwertsbreite und unterschiedlicher Amplitude besteht. Laser-Anordnungen, die eine Gütesteuerung des Resonators hervorrufen, nennt man „Q-switched-Laser" bzw. „gütegeschaltete Laser". Die entstehenden Impulse heißen „giant-pulses" bzw. Riesenimpulse. Betrachten wir den Fall eines optisch gepumpten Lasers. Bei ungeschalteter Resonatorgüte setzt Laseremission ein, wenn der Schwellenwert der Besetzungsinversion für den Beginn selbsterregter Schwingungen erreicht wird, naturgemäß abhängig vom zeitlichen Verlauf der Pumpstrahlung, vom Resonator und vom aktiven Medium, sowie nach Überwindung der Verluste durch Beugung, Streuung, Absorption und Transmission. Um zu definierter Ausstrahlung zu kommen, führt man einen „Lichtverschluß“ (z. B. elektrooptische Schalter, rotierende Schalter, Flüssigkeitsschalter, Farbstoff-Schalter, Filterglas-Schalter, Halbleiter-Schalter oder kombinierte Schalter) ein. Wenn im aktiven Medium eine hohe Überbesetzung erreicht ist, öffnet man den Lichtverschluß und es entstehen Impulse mit extrem hoher Amplitude, die erwähnten Riesenimpulse.

Die Anwendungstechnik stellt außerordentlich hohe Forderungen an den gütegesteuerten Laser

— geringe Halbwertsbreite der Laserimpulse
— steiler Anstieg und Abfall der Impulse
— hohe Leistung oder hohe Energie
— Reproduzierbarkeit der Impulsparameter
— Emission von Einzelimpulsen
— hohe Lebensdauer der Bauelemente.

Als eine besondere Eigenschaft des Lasers wurde bereits die strenge Monochromasie seiner Strahlung erwähnt, für viele Anwendungen von entscheidendem Vorteil. Es gibt jedoch auch die Forderung aus der Technik, Laser zu entwickeln, deren Wellenlänge sich über einen größeren Wellenlängenbereich kontinuierlich verändern läßt. Solche „durchstimmbare“ Laser sind entwickelt worden. Die Untersuchungen lassen die Vorhersage zu, daß weitere wesentliche Erfolge auf diesem Gebiet zu erwarten sind. Einer der beschrittenen Wege ist der des Durchstimmens mittels Druck [9]. Es gelang mit einem PbSe-Laser bei einer Temperatur von 77 °K und Drükken bis zu 20000 Atm, den Bereich von 7 bis $\sim$ 100 μm innerhalb von 170 ns zu überstreichen. Allerdings ist zur Erreichung dieses Zieles ein verhältnismäßig großer Aufwand nötig. Weniger großen Aufwand erfordert die Durchstimmung von Farbstofflasern. Der erste dieser Art wurde bereits 1966 beschrieben [10]. Durch Hochleistungs-Impuls-Laser oder durch spezielle Blitzlampen mit kurzer Anstiegszeit werden organische Farbstoffe (z. B. Polymethine, Phthalocyanine, Xanthene, vgl. neuere zus. Darst. Leupold, König u. Dähne [10]) zur Laseremission angeregt, wofür allerdings Voraussetzung ist, daß im Farbstoffspektrum eine Absorptionsbande dort vorhanden ist, wo die Emissionslinie des anregenden Lasers oder der Blitzlampe liegt. Durch Änderung der Konzentration der Farbstofflösungen läßt sich die emittierte Strahlung kontinuierlich um 40 bis

60 nm verschieben. Wechsel des aktiven Materials (allerdings dadurch auch Wechsel der Pumplichtquelle nötig) ermöglicht es, einen Bereich von ~ 600 nm zu überstreichen.

Die bisher serienmäßig hergestellten Laser emittieren entsprechend ihrer Anordnung jeweils im äußersten UR, im nahen UR oder im Sichtbaren. Die kürzeste bisher erreichte Wellenlänge liegt bei 160 nm (molekularer Wasserstoff als aktives Medium) [35].

4. Durch Existenz der Laser beeinflußte physikalische Forschungsgebiete

a) Nichtlineare Optik

Auf Grund der Entwicklung der Laser, die, wie erläutert, intensive kohärente Lichtquellen darstellen, konnte sich ein Bereich entwickeln, der heute allgemein mit dem Namen „nichtlineare" Optik bezeichnet wird. Die beim Auftreffen von Laserstrahlung auf Dielektrika sich herausbildenden Oberwellen, Differenz- und Summenfrequenzen lassen sich nicht mit der für den ganzen Bereich der klassischen „linearen" Optik gültigen Beziehung zwischen Polarisation $\boldsymbol{P}$ und Feldstärke $\boldsymbol{E}$

$$\boldsymbol{P} = \varepsilon \boldsymbol{E}$$

beschreiben, sondern fordern eine nichtlineare Beziehung zwischen $\boldsymbol{P}$ und $\boldsymbol{E}$, nämlich

$$\boldsymbol{P} = \varepsilon_1 \boldsymbol{E} + \varepsilon_2 \boldsymbol{E}^2 + \varepsilon_3 \boldsymbol{E}^3 + \ldots,$$

(vgl. eingehendere Darstellungen [11]). Die vor dem Laser bekannten Lichtquellen besaßen eine relativ geringe Intensität, so daß die elektrischen Feldstärken des Lichtes klein gegen die auf die Valenzelektronen wirkende atomare Feldstärke blieben. Erst durch Fokussierung von Laserlicht treten Feldstärken auf, die bis in die Größenordnung der atomaren Feldstärken reichen, wodurch eine Anzahl neuer Effekte beobachtbar wurde, die von Bedeutung für die Anwendung des Laserlichtes geworden sind. Man unterscheidet zwei Klassen von Effekten in der nichtlinearen Optik,

— die nichtlinearen Elektronen-Effekte,
— die nichtlinearen Elektronen-Schwingungseffekte.

Die Unterscheidung der beiden Klassen erfolgt danach, welche Stärke der Wechselwirkung mit den Molekülschwingungen auftritt. Von Elektronen-Effekten spricht man dann, wenn nur eine vernachlässigbar geringe Wechselwirkung zwischen Elektronen und Molekülschwingungen vorliegt. Werden jedoch die Wechselwirkungen zwischen Elektronen- und Molekülschwingungen so stark, daß sie Berücksichtigung finden müssen, spricht man von Elektronen-Schwingungseffekten. Zur ersteren Klasse gehören das Auftreten von Harmonischen, die optische Frequenzmischung und die Mehrphotonenabsorption, zur zweiten der induzierte und inverse Ramaneffekt und die induzierte Brillouinstreuung.

Die sich durch Entwicklung der nichtlinearen Optik ergebenden Aspekte in bezug auf neue Forschungsrichtungen oder technische Anwendungsmöglichkeiten sind außerordentlich vielfältig. Als spezielles Beispiel herausgegriffen sei nur die Möglichkeit, auf der Grundlage der nichtlinearen Optik Laserlinien über einen größeren Bereich kontinuierlich durchzustimmen und zwar mit dem sogenannten „optischen parametrischen Oszillator" (OPO). Der OPO nutzt die Wechselwirkung von Laserstrahlung mit einem optisch nichtlinearen Kristall in einem optischen Resonator.

b) Holographie

Ein zweiter Bereich, der sich durch die Entwicklung der Laser ausweiten konnte, ist die Holographie. Diese neuartige Technik unterscheidet sich von den Methoden der konventionellen Photographie dadurch, daß die Belichtung des Photomaterials nur mit kohärenten Wellen erfolgt. Die Grundgedanken gehen auf Arbeiten von GABOR aus dem Jahre 1948 bis 1951 [12] zurück, die sich mit der „wavefront reconstruction" beschäftigen, und wobei es sich schließlich um eine dreidimensionale Abbildung eines Gegenstandes handelt. In einem Medium, das fähig ist, ein Hologramm zu registrieren (etwa eine Photoplatte), kommt einfallendes kohärentes Licht mit dem kohärenten Licht zur Interferenz, das von einem abzubildenden Objekt gestreut worden ist. Die entstehenden Amplitudenschwankungen werden in Form von Interferenzringen auf dem Aufzeichnungsmedium registriert. Wird das entstandene Hologramm mit kohärentem monochromatischem Licht bestrahlt, so wird das Original reproduziert in Form eines reellen und eines virtuellen Bildes. Es entstehen alle optischen Eindrücke (abgesehen von der Farbe) einer räumlichen Verteilung des abzubildenden Objektes [13]. Mit speziellen Anordnungen lassen sich auch farbige Hologramm-Bilder erzeugen. Man kann sich leicht vorstellen, zu welchen Anwendungsmöglichkeiten die Holographie führen kann, z. B. plastisches Farbfernsehen, Mikrophotographie, Ultraschalldefektoskopie, Röntgenstrahlenmikroskopie u. a. (vgl. z. B. ELION [4], [14]). Besonders interessant und zukunftsträchtig ist der Versuch eines englischen Physikers, D. LEVER-

INGTON, der ein holographisches System zum Wiedererkennen gesprochener Worte konzipierte. Das große Interesse, das viele Wissensdisziplinen der Holographie entgegenbringen, versteht man, wenn man erkennt, daß mit Hilfe der Interferometrie durch Holographie das Wachstum einer Pflanze oder eines Kristalles in Bruchteilen der Lichtwellenlänge beobachtet und gemessen werden kann.

5. Hinweis auf Anwendungen

Wenn die Fülle der Anwendungsmöglichkeiten beleuchtet werden soll, so ist der Übersichtlichkeit wegen eine Beschränkung auf diejenigen Gebiete zweckmäßig, auf denen gewisse technische Erfolge bereits zu verzeichnen sind. Es ist erwähnenswert, die Feststellung an die Spitze des Abschnittes ,,Laser-Anwendungen" zu stellen, daß sich sowohl das Gebiet der Laserphysik als auch das der Laseranwendungen als kompliziertere Forschungsgebiete erwiesen haben, als man nach den ersten Laser-Untersuchungen annehmen konnte. Zwar ergaben sich klare Vorstellungen über die technische Nutzung der Laser, aber es zeigte sich, daß eine starke kontinuierliche wissenschaftliche Durchdringung jedes Anwendungsgebietes Voraussetzung ist, um entscheidende Erfolge zu erzielen.

a) Plasmaphysik, Fusion

Eines der interessantesten und technisch wichtigsten Ergebnisse der Laserforschung ist der in neuester Zeit gelungene Nachweis, daß durch Lasereinwirkung auf schweren Wasserstoff Kernfusion erzeugt werden kann, nachdem über praktisch zwei Jahrzehnte am Problem der kontrollierten Kernreaktion von Wasserstoff gearbeitet worden ist bzw. die Forschung auf dem Gebiete der Plasmaphysik in den größten Forschungszentren im Vordergrund des Interesses stand. Bekanntlich versteht man unter ,,Plasma" ein Gas, das eine große Zahl von Ladungsträgern, insbesondere Elektronen und positive Ionen enthält, deren Anzahl praktisch jeweils gleich groß ist, so daß man das Plasma wegen der nur gelegentlich auftretenden geringen relativen Unterschiede der Trägerdichten als ,,quasineutral" bezeichnen kann. Das Plasma wird heute der ,,vierte Aggregatzustand" genannt, weil Schätzungen ergeben, daß $\sim$ 99,9% der Materie sich im Plasmazustand befinden. 1968 bereits gab es Berichte über die Anwendung von Lasern für diagnostische Zwecke auf dem Gebiete der Hochtemperatur- und Plasma-Physik [15]. Es wurden mit Hilfe von Lasern beispielsweise die Bestimmung thermophysikalischer Größen vorgenommen und die optischen Eigenschaften bei höheren Temperaturen untersucht. Mit Hilfe energiereicher Laser, der eingangs bereits erwähnten Riesenimpulslaser, begann man, Hochtemperatur-Plasmen jeder Zusammensetzung zu erzeugen. Im Mai 1968 berichtete BASOV auf der Quanten-Elektronik-Konferenz in Miami, daß er mit Mitarbeitern bei Beschuß von LiD mit einem Riesenlaserpuls (20 Joule in 10^{-11} s) die ersten Kernfusionsreaktionen nachgewiesen habe. Kurz danach wurde berichtet, daß F. FLOUX mit Mitarbeitern in Frankreich durch Lasereinwirkung auf schweren Wasserstoff Kernfusion erzeugt habe (Fusionsreaktion ${}^2_1D + {}^2_1D \rightarrow {}^3_2He + {}^1_0n$). Es versteht sich, daß durch diese Erfolge eine noch konzentriertere Forschung auf dem Gebiete der Erzeugung von Fusionsplasmen eingesetzt hat, denn die Kernfusion ist als Energiequelle von ungleich größerem Vorteil als die Kernspaltung. Es muß daher als Ziel gefordert werden, daß die durch Kernfusion freiwerdende Energie größer ist als die Energie des Lichtimpulses. Bisher konnten etwa 100 thermonukleare Neutronen pro Laserimpuls nachgewiesen werden (Überblick über die Gesamtproblematik vgl. [16]).

b) Präzisionsmeßtechnik

Im Anwendungsbereich Präzisionsmeßtechnik steht im Vordergrund die Benutzung der Laserinterferometrie für die Längenmeßtechnik. Bekanntlich kann ein fester Maßstab durch ein reproduzierbares Längennormal, wie es beispielsweise die Wellenlänge des Lichtes darstellt, ersetzt werden, worauf auch der internationale Längenstandard und besonders die Anwendung der Laser [17] beruht. Um nun die interferometrischen Methoden in die Längenmeßtechnik einführen zu können, müssen die Lichtquellen Bedingungen erfüllen:

reproduzierbare, stabile Wellenlänge,
räumliche Kohärenz der Strahlung,
Kontinuität der Strahlung,
genügend hohe Intensität in einer Richtung.

Derartige Bedingungen erfüllen hergebrachte Lichtquellen nicht, jedoch geeignete Laser. Die zu messende Länge wird mit der Lichtwellenlänge verglichen und zwar im einfachsten Falle durch Abzählung der Intensitätsmaxima bzw. -minima, die beim Verschieben des Interferometerspiegels auftreten. Der Nachweis geschieht mit einem geeigneten Photoempfänger. Die Möglichkeit, körperliche Maßdarstellungen durch solche unkörperlicher Art zu ersetzen, fördert in der modernen Längenmeßtechnik die Automatisierung der Prozesse [18]. Mit kommerziellen Laserinterferometern konnten bisher Strecken von 5 bis 50 m mit Fehlern von $\sim 10^{-5}$ mm/m vermessen werden.

Für unzugängliche Objekte, etwa in der Meteorologie oder für Satellitenbeobachtung, läßt sich zum Bestimmen der Entfernung oder der Bewegung der Objekte die Laufzeitmessung des Lichtes (das Radarprinzip) anwenden. Laser-Entfernungsmesser, bestehend aus Laser und Zielreflektor, zeigen konventionellen Entfernungsmessern gegenüber eine größere räumliche Auflösung. Eines der in der Allgemeinheit bekannten Beispiele, mit dem Laser zu messen, ist das der Entfernungsmessung zum Mond. Die Besatzung des Apollo 11 stellte auf der Mondoberfläche einen Reflektor auf, über den mit Hilfe der Laufzeit des Riesenimpulses eines Rubinlasers die Entfernung Erde—Mond mit einer Genauigkeit von $\sim$ 15 cm gemessen werden konnte.

Ein weiterer Anwendungsschwerpunkt hat sich herausgebildet, indem der Laserstrahl als masseloser Zeiger, als Richtschnur oder als Lot benutzt wird, also zum Führen und Steuern von Maschinen. Unter Anwendung von Photoempfängern, Verstärkern und Regelkreisen lassen sich Automatisierungsaufgaben im Werkzeugmaschinenbau, im Bauwesen, im Bergbau und andernorts mit hoher Genauigkeit ausführen.

Ein weiteres günstiges Anwendungsgebiet besteht in der Möglichkeit der direkten Messung von Drehgeschwindigkeit etwa mit einem ringförmigen Laser. Ein Ringlaser, also ein Laser mit einem in sich geschlossenen ringförmigen Resonator, hat dem gewöhnlichen Laser gegenüber die Besonderheit, daß sich laufende Wellen ausbilden, die im Resonator entgegengesetzt umlaufen. Bei einem rotierenden Ringlaser entstehen für die entgegengesetzt umlaufenden Wellen unterschiedliche Resonanzfrequenzen, es erfolgt also eine Frequenzaufspaltung, und diese ist der Winkelgeschwindigkeit proportional. Die untere Grenze des Meßbereiches liegt momentan bei $\sim$ 0,1 Grad/Stunde. Eine weitere Erhöhung der Meßgenauigkeit ist zu erwarten.

Es sei noch erwähnt, daß auf Grund der Doppler-Verschiebung der Lichtfrequenz Methoden mit normalen Lasern entwickelt worden sind, mit denen Strömungsgeschwindigkeiten und Geschwindigkeiten bewegter Objekte mit hoher Genauigkeit gemessen werden können [32].

c) Spektrophotometrie

Die Einführung des Lasers in die Spektrometrie hat sich auf die Fortentwicklung dieses Gebietes bereits jetzt revolutionierend ausgewirkt, vgl. zus. Darst. [19]. Wenn es gelingt, einen effektiven durchstimmbaren Laser herzustellen, bei dem also die Wellenlänge über größere Bereiche kontinuierlich verändert werden kann und dabei die extrem kleine Bandbreite erhalten würde, könnte eine höchstauflösende Spektroskopie (ohne Gitter und Prismen als dispergierende Medien) erzielt werden. Wie erwähnt, läuft eine solche Entwicklung und hat bereits in der Infrarotspektroskopie Erfolge erzwungen.

In der Raman-Spektroskopie ist den klassischen Lichtquellen (z. B. der Quecksilberlampe) durch die Laserlichtquelle eine starke Konkurrenz entstanden, und jetzt ist es wahrscheinlich geworden, daß der Rückstand der Raman-Spektroskopie gegenüber der Infrarot-Absorptionsspektroskopie in den kommenden Jahren aufgeholt wird. Es gibt bereits kommerzielle Laser-Raman-Spektrometer.

Die Kenntnis der nichtlinearen Effekte hat dazu geführt, daß der stimulierte Ramaneffekt, der inverse Ramaneffekt und der Hyper-Ramaneffekt bereits zur Ausnutzung in der wissenschaftlichen Spektroskopie geführt haben.

Die Möglichkeiten zur Erzeugung ultrakurzer Lichtimpulse (bis $< 10^{-12}$ s) etwa mittels GaAs-Injektionslasern hat bereits dazu angeregt, sich mit Problemen der Ultrakurzzeitspektroskopie zu beschäftigen, eines der zukunftsträchtigsten Gebiete.

Der Laser spielt aber in der Spektroskopie außer als Lichtquelle noch die besondere Rolle als Energiequelle. Wird nämlich die Strahlung etwa eines Festkörperimpulslasers mit Ausgangsenergien bis zu ~ 1 Joule mit Hilfe eines geeigneten optischen Systems auf eine Festkörperprobe fokussiert, verdampft ein bestimmter Anteil der Probe. Wird dieser Vorgang mit einer Funkenentladung synchronisiert, so kann unter Benutzung eines Standardspektrographen die spektralanalytische Untersuchung des Funkens und damit des ionisierten Dampfes des analytisch interessanten Objektes erfolgen. Das Gebiet wird Laser-Mikro-Emissions-Spektralanalyse genannt [20]. In der Praxis wird dieses Verfahren in der Metallographie, der Mineralogie, der Silikattechnik, der Chemie, der Archäologie, der Kriminaltechnik und andernorts mit großem Erfolg angewandt [vgl. 21]. Durch Summierung der Mikroanalysen läßt sich eine Makro-Spektralanalyse aufbauen, jedoch auch durch Verdampfung einer größeren Probenmenge mit Hilfe von Laserimpulsen hoher Energie. Die Laser-Makro-Spektralanalyse führte bisher noch nicht zu kommerziellen Geräten, darf aber als zukunftsträchtig angesehen werden.

Die Wirkung, die die Einführung des Lasers in die Spektroskopie auf deren Entwicklung hat, darf als revolutionierend bezeichnet werden. Auf internationalen Kongressen (vgl. z. B. Aspen International Conference on

Fourier Spectroscopy 1970 in Colorado oder 17. Allunionskongreß über Spektroskopie 1971 in Minsk) wird der Anwendung des Lasers in der Spektroskopie starke und konsequente Aufmerksamkeit geschenkt.

d) Datenverarbeitung

Wenn eingangs die Frage nach der Benennung des Zeitalters gestellt ist, in dem wir leben, so ist es gewiß auch berechtigt, die Antwort zu geben, daß wir im „Zeitalter der Computertechnik" leben. Man schätzt ab, daß der Höhepunkt der Computertechnik noch lange nicht erreicht ist; die rasche Entwicklung wird die kommenden 10 bis 20 Jahre anhalten. Immer neue Anwendungsmöglichkeiten erschließen sich. Die ersten drei Computergenerationen, die erste gekennzeichnet durch die Nutzung der Elektronenröhre, die zweite durch die Anwendung des Transistors und die dritte durch die Benutzung der integrierten Schaltkreise, werden mit Sicherheit durch eine vierte Generation abgelöst werden. Bereits heute läßt sich abschätzen, daß der Laser und die Holographie entscheidend die vierte Generation der Computertechnik beeinflussen werden.

Es lassen sich optische Anordnungen mit Lasern angeben, mit denen die heute die Geschwindigkeit von Datenverarbeitungs- und Rechenanlagen begrenzenden Effekte überwunden werden können. Man geht dabei von der Möglichkeit aus, Licht als Informationsträger zu verwenden.

Mehrfach ist darauf hingewiesen worden [22], den Laser, insbesondere den Halbleiterlaser, als logisches Element einzusetzen (geringe Trägheit 10^{-10} bis 10^{-11} s, hoher Nutzungsgrad mit $\sim 100\%$ und geringe Abmessungen von einigen mm). Um die geringe Trägheit optimal auszunutzen, ist es sinnvoll, alle logischen Operationen mit Licht, eine sogenannte Licht-Licht-Logik durchzuführen.

Auch über die Holographie kann man zu wirkungsvollen Rechnern kommen. Unter bestimmten Bedingungen der Anordnung stellt die Amplitudenverteilung der Objektwelle auf dem Hologramm die Fourier-Transformierte dieser Welle am Objekt dar; damit wird eine Rechenoperation, in diesem Falle eine Fourier-Transformation, durchgeführt. Mit Hilfe weiterer zusätzlicher optischer Mittel können noch weitere Rechenschritte ausgeführt werden. Der Vorteil einer solchen Anordnung liegt darin, daß Variable in zwei räumlichen Dimensionen gleichzeitig verarbeitet werden können. Derartige optische Analogrechner sind daher linearen elektronischen Rechnern an Geschwindigkeit überlegen.

Eine weitaus größere Bedeutung wird wahrscheinlich die Holographie bei der Entwicklung holographischer Speichersysteme erlangen. Praktisch entwickelt wurde bereits ein Hologramm-Verfahren, mit dem 10000 bit

Binärdaten in einem Kreis von 1 mm Durchmesser auf einer Photoplatte als Hologramm eingezeichnet werden können. Die Speicherdichte nach diesem Verfahren liegt um das 100fache höher als bei Magnetplatten und um das 10000fache höher als bei den jetzt üblichen Magnetbändern. Die Zugriffszeiten liegen bei $\sim 8\ \mu s$. Bei einem weiteren bereits praktisch erprobten Verfahren lassen sich Zahlen, Zeichen und Figuren aufzeichnen. Die zu speichernden Informationen werden mit Hilfe von Codezeichen codiert. Speicherung und Abrufung erfolgt über Codezeichen. Es ist verständlich, daß technologische Einzelheiten in der Technik der neuen Verfahren vertraulichen Charakter besitzen. Bekannt ist, daß große Firmen wie IBM oder Bell Telephone Laboratories mit großen Kollektiven Lösungen zu verwirklichen versuchen; die volle Ausnutzung der dreidimensionalen Speicherung steht noch aus.

e) Nutzung in der Mikroelektronik

Ein besonderes Problem in der Mikroelektronik stellt die Maskenherstellung für integrierte Schaltungen dar. Die Schwierigkeiten liegen darin, daß ein möglichst hohes Auflösungsvermögen erreicht werden muß. Es gibt bereits praktisch erprobte Verfahren unter Benutzung von Lasern. In einem in den Bell Laboratories entwickelten Verfahren [23] beispielsweise wird der Strahl eines Ar-Lasers über ein Modulator- und Drehspiegelsystem auf eine höchstempfindliche photographische Platte (20 cm $\times$ 25 cm) gelenkt. Es wird ein extrem hohes Auflösungsvermögen von 32000 Zeilen mit je 26000 Bildpunkten erreicht. Die Ablenkabweichung des Laserstrahls liegt in der Größenordnung von 1 mm auf 1000 m. Selbstverständlich muß bei äußerst konstanter Temperatur und einer extrem reinen Atmosphäre gearbeitet werden. Andere Verfahren zur Herstellung von Ätzmasken für integrierte Schaltkreise laufen über die Holographie, indem Hologramme der geforderten Ätzmasken hergestellt werden. Durch Beleuchtung dieser Hologramme mit der konjugiert komplexen Referenzwelle entsteht das reelle Bild der Ätzmaske, das man etwa auf eine Photolackschicht projizieren kann. Man erhält also eine kontaktlose Abbildung. Unter Benutzung von Punkthologrammen ist es weiterhin möglich, das Ätzmuster des einzelnen Systems gleichzeitig zu vervielfachen, so daß die Bilder einer vorgegebenen Matrix zugeordnet werden können.

f) Nachrichtentechnik, Kommunikation

Hohe Trägerfrequenz und Kohärenz prädestinieren den Laser zur Anwendung in der Nachrichtentechnik. Theoretisch ergibt sich eine Bandbreite des Lasers, die um ~ 4 Zehnerpotenzen größer ist als bei den Mikrowellen. Dieser Fakt bedeutet aber, daß bei voller Ausnutzung der Bandbreite beispielsweise mit einem CO_2-Laser gleichzeitig 10^9 Ferngespräche, 10^8 Rundfunksendungen oder 10^4 Fernsehsendungen übertragen werden könnten. Selbstverständlich sind zur Erreichung solcher technischen Zielstellungen außerordentliche experimentelle Schwierigkeiten zu überwinden. Praktisch wurde bisher erreicht, daß beispielsweise in zwei Gebieten der Sowjetunion über ~ 15 Meilen zwischen Jerewan und dem Astrophysikalischen Observatorium Burakan mit einem Höhenunterschied von 350 m [34] und über ~ 6 Meilen in Moskau Telefonbenutzung mittels Laser möglich ist. Es wird mit He Ne-Laser gearbeitet. Probleme treten bei Nebel, Schnee, Rauch und Brechung (etwa infolge wechselnder Temperaturen) auf.

Um von den atmosphärischen Störungen auf der Erdoberfläche unabhängig zu werden, verlaufen die Untersuchungen in Richtung der Nutzung von Linsenleitern und Lichtwellenleitern bzw. Faseroptik-Verbindungen [24]. Im Falle der Linsenleiter verwendet man Röhren mit Systemen von Linsen und Spiegeln. Es ist verständlich, daß Linsenleiter nur für relativ kurze Entfernungen in Frage kommen können. Lichtwellenleiter bzw. Faseroptik-Verbindungen dürfen nur Querschnitte von einigen μm^2 haben. Beispielsweise werden, um Lichtwellenleiter zu schaffen, dünnste Filmstreifen aus einem dielektrischen Material auf ein Substrat aufgebracht mit Methoden, deren man sich in der Mikroelektronik heute bereits weitgehend erfolgreich bedient (Maskentechnik, Aufdampftechnik, Ionenimplantationsverfahren etc.). Es bietet sich auch die Möglichkeit, eine Glasfaser zu benutzen, die einen Hartglaskern mit Ummantelung durch eine Weichglassorte besitzt. Das Laserlicht wird dabei durch Totalreflexion an der Grenzschicht beider Gläser durch die Glasfaser geleitet.

Für die Nachrichtenübermittlung im Weltraum mittels Laser brauchen atmosphärische Störungen nicht berücksichtigt zu werden. Es läßt sich abschätzen, daß mit Hochleistungslasern bereits heute Fernsehübertragungen im gesamten Sonnensystem möglich wären.

Erwähnenswert ist die Tatsache, daß die Holographie auch im gewöhnlichen Fernsehen Eingang gefunden hat [25]. Das Verfahren zur Aufzeichnung, Vervielfältigung und Reproduktion von Fernsehbildern besteht darin, daß man zunächst die Fernsehsignale im Vakuum auf 16-mm-Film aufzeichnet und zur Vervielfältigung der Aufzeichnung einen Hologrammfilm herstellt, der den Bildinhalt in Form von Phasenhologrammen trägt. Die Wiedergabe geschieht in der Weise, daß der Hologrammfilm mit Laserlicht durchstrahlt und das Bild mit einer Vidikon-Kamera erfaßt wird. Was man mit diesem Verfahren erreicht, ist deshalb bemerkenswert, weil die

Möglichkeit ökonomisch für ein breites Publikum gegeben ist, aus Programmaterial beliebige Stellen mit einem speziellen Abspielgerät auf einem Farbheimempfänger wiederzugeben.

Es ist zu erwarten, daß die Laserforschung zukünftig weitere interessante Wege aufdeckt, mit denen neue attraktive Laser-Fernsehverfahren geschaffen werden, vgl. z. B. Beeinflussung von Elektronenstrahlen durch Laserlicht bei An- oder Abwesenheit von Festkörpern (SCHWARZ-HORA [25]).

g) Materialbearbeitung

Die Möglichkeit, die Laserstrahlung stark zu bündeln, läßt die Bearbeitung praktisch jedes Werkstoffes bzw. Materials zu, denn jede Materie, die sich im Fokusbereich einer Riesenimpulslaserstrahlung befindet, wird verdampft und ionisiert. Vergleichsweise sei erwähnt, daß die Leistungsdichte der Lichtstrahlung auf der Sonnenoberfläche durch Abbildung mit optischen Systemen $\sim 6 \times 10^3$ W/cm² beträgt, hingegen läßt sich mit Hilfe von Hochleistungslasern durch Bündelung eine Leistungsdichte bis zu 10^{15} W/cm² bei Pulsdauern von $\sim 10^{-9}$ s erzielen.

Im Vordergrund der Laseranwendung bei der Materialbearbeitung steht das Bohren, insbesondere das Bohren sehr kleiner Durchmesser. Es lassen sich Mikrobohrungen bei der Metallbearbeitung durchführen. Durch den kurzzeitigen Bearbeitungsvorgang werden thermische Nachwirkungen auf die Randzonen der Löcher auch bei Materialien mit guter Wärmeleitfähigkeit vermieden. Vor allem in automatisierten Arbeitsprozessen lassen sich jegliche Materialien mit den verschiedensten metallurgischen Eigenschaften bohren, auch keramische Werkstoffe, Gläser und Diamanten.

Ebenfalls mit Hilfe der Laser läßt sich das Trennen von Materialien durchführen. In diesem Falle werden Dauerstrichlaser angewandt. Die Schnittbreite kann sehr klein gehalten werden, wodurch der thermische Einfluß auf die Umgebung verringert wird. Eine weitere wichtige Aufgabe ist es, mit Hilfe der Laser das Verbinden und Abtragen von Materialien zu erzielen. Feinste Drähte der verschiedensten Materialien (z. B. eloxierter Al-Draht und Cu-Draht) bis zu einigen Hundertstel mm ⌀ lassen sich in den verschiedensten Anordnungen zusammenschweißen. Technisch genutzt wird das Verfahren zum Verbinden von Metallen mit keramischen Stoffen. Durch die Möglichkeit, Laserstrahlung durch lichtdurchlässige Hüllen senden zu können, gelingt auch das Bearbeiten reaktiver Materialien (etwa von Titan), die sich in einem Schutzgas befinden.

Interessant ist auch das Verfahren, bei dem durch eine Oberflächenabtragung mittels gesteuerter Metallverdampfung eine Auswuchtung kleinster

Präzisionsbauteile erfolgen kann. Die Möglichkeit der Legierungsbildung in Halbleitern mit Hilfe von Gaslasern, die in Mikrobereichen Schmelzeffekte erzeugen, ist insbesondere für die Halbleiter-Bauelemente-Industrie von Bedeutung.

Es bedarf eigentlich keines besonderen Hinweises, daß die vielseitige und noch bei weitem nicht voll übersehbare Nutzungsmöglichkeit der Laser für die Metallbearbeitung zu intensiven wissenschaftlichen Untersuchungen des Verdampfungsprozesses an Festkörperproben geführt hat (vgl. z. B. [26]).

h) Medizin

Man darf die Behauptung wagen, daß der Laser auch in der Medizin bzw. Biomedizin einen wichtigen Platz einnehmen wird, nachdem bereits einige Erfolge durch Anwendung des Lasers erzielt werden konnten [31]. Der Laserstrahl schneidet Knochen und Gewebe, so daß Neuropathologen bereits versuchen, Nervenoperationen durchzuführen, und Biologen erproben, den Laserstrahl beim Präparieren von einzelnen Zellen und Mikroorganismen anzusetzen.

Seit geraumer Zeit wird die monochromatische Strahlung des Lasers mit Erfolg zum Verschließen von Netzhautrissen und zur Behandlung von Netzhautablösungen benutzt. Die Erfolgsquote bei der Laser-Augenkoagulation soll bei nahezu 100% liegen. Es werden punktförmige Schweißstellen in der Netzhaut erzeugt.

In neuester Zeit wird versucht, die Laserstrahlung in der Krebsforschung anzuwenden. Erfolge sollen vor allem bei Behandlung des Hautkrebses mit Laserstrahlung erzielt worden sein.

Ebenfalls über gute Ergebnisse wird in den USA beim Einsatz eines fokussierten Laserstrahls zur Zerstörung kariöser Stellen an Zähnen berichtet bzw. über die Nutzung des Lasers in zahnärztlichen Laboratorien [30].

Eine Richtung der Laseranwendung in der Medizin dürfte wertvoll sein zu verfolgen, nämlich die Benutzung des Laserstrahls als Skalpell des Chirurgen. Es könnte die unblutige Operation erreicht werden, denn der Laserstrahl zerschneidet die Blutgefäße und schweißt die Enden gleichzeitig zusammen. Vorteil dieses Verfahrens wäre weiter, daß durch die absolute Sterilität des Laserstrahls eine Infizierung des Organismus während der Operation verhindert würde. Verschiedenenorts sind Laser-Skalpelle bereits entwickelt worden, allerdings sollen sie für praktische Zwecke noch zu unhandlich sein.

6. Schlußbemerkungen

Mit den angeführten Anwendungshinweisen ist eine Vollständigkeit der Möglichkeiten, den Laser zu nutzen, keineswegs erreicht. Nicht erwähnt sind beispielsweise Anwendungsmöglichkeiten bei der Auslösung chemischer Reaktionen, in Geräten zur Sichtverbesserung bei schlechten atmosphärischen Verhältnissen, zur Temperaturmessung, zur Laser-Photolyse, zur Trübungsmessung in der Atmosphäre, zur Messung von Stoffeigenschaften und zur Energieübertragung (vgl. weitere Möglichkeiten [27]). Nur schwach angedeutet sind die Möglichkeiten der Laser-Nutzung in der physikalischen Forschung, insbesondere auf dem Gebiet der Optik, der Mehrphotoneneffekte (dazu vgl. z. B. [29]). Das Ziel meines Vortrages ist erreicht, wenn es mir gelungen ist, überzeugend darzulegen, daß der Laser für Forschung und Technik eine weite, neue Sicht eröffnete und daß die weitere Vervollkommnung des Lasers selbst, uns noch ungeahnte Erkenntnisse bringen wird. In der Tat, wir können mit PASCAL in ein wenig abgeänderter Form sagen: Die Wissenschaft vom Laser gleicht einer Kugel, welche ununterbrochen wächst; in dem Maße als ihr Umfang zunimmt, wächst auch die Zahl ihrer Berührungspunkte mit dem Unbekannten.

LITERATUR

[1] A. EINSTEIN, Phys. Z. **18** (1917) 121.

[2] Eine praktisch vollständige Übersicht über die Entstehung der Maser und Laser, vgl. J. R. SINGER, Masers and other Quantum Mechanical Amplifiers. Advances in Electronics and Electron Physics (herausgegeben von L. MARTON **15** (1961) 74.

[3] Vgl. z.B. N. G. BASOV, Природа Heft 6 (1970).

[4] Vgl. z.B. *Buchveröffentlichungen*:

D. RÖSS, Laser, Lichtverstärker und -Oszillatoren. Techn.-Phys. Sammlung, Akad. Verlagsgesellsch. Frankfurt/Main 1966;

F. W. BUNKIN, Optische Quantengeneratoren. Verlag Mir, Moskau 1966;

H. A. ELION, Laser Systems and Applications. Pergamon Press, Oxford, London 1967;

B. A. LENGYEL, Laser-Phys. Grundlagen und Anwendungsgebiete. Berliner Union, Stuttgart 1967;

B. I. STEPANOV, Methodische Berechnungen der Optischen Quantengeneratoren. Verlag Wissenschaft u. Technik, Minsk 1968;

H. PAUL, Lasertheorie I und II, Wissenschaftliche Taschenbücher (WTB). Akademie-Verlag, Berlin 1969;

K. GÜRS, Laser. Umschau-Verlag, Frankfurt a. M. 1970;

R. BROWN, Technik und Anwendung der Laserstrahlen. Deutsche Verlagsanstalt GmbH 1970;

J. VANIER, Basic Theory of Lasers and Masers. Gordon and Breach Science Publishers, New York—London—Paris 1971;

M. J. BEESLEY, Laser and their applications. Taylor and Francis Ltd London 1971.

Einzelveröffentlichungen:

P. GÖRLICH, Nova Acta Leopoldina **25** (1962) 17;

P. GÖRLICH u. W. WREDE, Leopoldina (3) **10** (1965) 125;

W. MEINEL, R. NEUBERT u. G. WIEDERHOLD, Feingerätetechn. **12** (1963) 493;

P. GÖRLICH, Nova Acta Leopoldina **31** (1966) 85;

W. E. KOCK, Optical Spectra **3** (1969) 65.

[5] Vgl. z.B. G. SCHAAK, Z. angew. Phys. **17** (1964) 385;

N. G. BASOV, P. G. KRJUKOV u. V. S. LETOKHOV, Optics and Laser Technology **126** (1970).

[6] Vgl. zus. Artikel z. B. P. GÖRLICH, H. KARRAS, G. KÖTITZ and R. LEHMANN, phys. stat. sol. **5** (1964) 437; Современные проблемы Физики, Издательство Наука, Москва 1966; Feingerätetechn. **14** (1965) 227;

R. HULTZSCH, phys. stat. sol. (a) **5** (1971) 539; **7** (1971) 13.

[7] Vgl. z. B. P. Görlich, Photoeffekte III, S. 93. Akad. Verlagsgesellsch. Leipzig 1966 (dort weitere Literatur angeführt);
P. Görlich, H. Karras, G. Kötitz, R. Lehmann u. W. Lüdke, Feingerätetechn. **14** (1965) 289;
zus. Darst. N. G. Basov, W. W. Nikitin u. A. S. Semonov, Fortschr. Phys. Wiss. (russ.) **97** (1969) 561.
[8] R. W. Hellwarth, Control of Fluoreszent Pulsations. Advances in Quantum Electronics S. 334, J. R. Springer Columbia University Press, New York 1961.
[9] Vgl. J. M. Besson, J. Physique **28** (1967) 247.
[10] P. P. Sorokin u. J. R. Lankard, IBM Journal **10** (1966) 162;
D. Leupold, R. König u. S. Dähne, Z. Chemie **10** (1970) 409.
[11] Vgl. z.B. P. Görlich u. C. Hofmann, Feingerätetechn. **19** (1970) 49, 101;
Nichtlineare Optik, Vorträge der Hauptjahrestagung der Phys. Ges. d. DDR 1968, herausgegeben von P. Görlich u. C. Hofmann, Verlag Kammer der Technik, Berlin 1968;
C. Hofmann, Feingerätetechn. **20** (1971) 281.
[12] D. Gabor, Nature **161** (1948) 777;
Proc. Roy. Soc. **A 197** (1949) 454;
Proc. Phys. Soc. **B 64** (1951) 449.
[13] E. N. Leith u. J. Upatnieks, Journ. Opt. Soc. Am. **52** (1962) 1123; **53** (1963) 1377; **54** (1964) 1295;
zus. Darst. vgl. H. Lenk, Holographie. Fortschr. exp. theor. Biophysik, Verlag G. Thieme, Leipzig 1969.
R. J. Collier, C. B. Burckhardt and L. H. Lin, Optical Holography. Academic Press New York 1971.
[14] E. R. Robertson u. J. M. Harvey, The Engineering Uses of Holography. University Press, Cambridge 1970;
H. Lenk, Bild u. Ton **23** (1970) 197.
[15] Vgl. N. G. Basov, O. N. Krokhin u. G. V. Sklizkov, IEEE J. (1968).
[16] H. J. Schwarz u. H. Hora, Laser Interaction and Related Plasma Phenomena. Plenum Publishing Corp., New York 1970; (beinhaltet die Vorträge zum First werkshop, held at Rensselaer Polytecnic Institute Hartford Graduate Center, East Windsor Hill, Connecticut 1969; inzwischen fand das Second Workshop im Sept. 71 statt, Kurzbericht in Zeitschrift „Laser“ **3**, 1971.
S. Witkowski, Naturwiss. **57** (1970) 211; N. G. Basov u. Mitarbeiter, Quantenelektronik (russ.) **1** (1971) 4.
[17] Vgl. N. G. Basov u. W. S. Letokhov, Fortschr. Phys. Wiss. (russ.) **96** (1968) 585; Electron Technology **2** (1969) 15;
W. E. Kock, Optical Spectra **4** (1970) 60, No. 3; vgl. auch Erfolge in der Laser-Refraktometrie J. Chamberlain, J. Haigh u. M. J. Hine, Infrared Phys. **11** (1971) 75.
J. Tschirnich, Wiss. Z. Techn. Univ. Dresden **19** (1970) 1509;
O. Hartmann, Wiss. Z. Techn. Univ. Dresden **19** (1970) 1515.
[18] Vgl. z.B. P. Görlich u. H.-G. Reichardt, Feingerätetechn. **16** (1967) 338.

[19] P. GÖRLICH u. L. MOENKE-BLANKENBURG, Exp. Techn. Phys. **17** (1969) 105.
[20] H. MOENKE u. L. MOENKE-BLANKENBURG, Einführung in die Laser-Mikro-Emissions-Spektralanalyse, 2. Aufl. Akad. Verlagsges., Leipzig 1968.
[21] L. MOENKE-BLANKENBURG, J. MOHR u. W. QUILLFELDT, Mikrochim. Acta, Suppl. IV (1970) 229;
H. NEUNINGER, Jenaer Rundsch. **15** (1970) 235.
[22] Vgl. z.B. A. B. FOWLER, J. Appl. Phys. **3** (1963) 1;
S. E. HARRIS u. E. O. AMMAN, Proc. IEEE **52** (1964) 823;
W. F. KOSONOCKY, Report 19, RCA-Labor;
D. RÖSS, Z. Naturfschg. **20a** (1964) 696;
N. G. BASOV, V. N. MOROZOV, V. V. NIKITIN u. V. D. SAMOILOV, Radiotechn. Elektronika (russ.) (1969).
[23] Elektronik **19** (1970) 389.
[24] Vgl. z. B. E.-K. ASCHMONEIT, Elektron. Z. **22** (1970) 499.
[25] N. MAYER u. H. HOFMANN, Rundfunktechn. Mitt. **14** (1970) 220;
H. SCHWARZ u. H. HORA, Laser u. angewandte Strahlentechn. **2** (1970) 43, No. 3.
[26] V. AFANASJEV, N. G. BASOV, O. N. KROKHIN, N. V. MORACHEVSKII u. G. V. SKLIZKOV, Sowj. Phys.-Techn. Phys. Heft 5 (1969).
[27] D. R. HERRIOTT, Scient. American **219** (1968) 141;
Optical Spectra **3** (1969) 36;
G. A. MASSEY, Optical Spectra **3** (1969) 49, No. 1;
J. A. SOUSA, Optical Spectra **3** (1969) 48, No. 4;
F. F. HALL, Optical Spectra **4** (1970), 67, No. 7;
K. W. BONFIG u. P. GREIS, ATM V 436-2 (1970).
[28] Vgl. z.B. R. SALTONSTALL, Commercial Development and Application of Laser Technology. Hobbs, Dorman and Comp. New York, Buenos Aires 1965;
A. J. GLASS u. A. H. GUENTHER, National Bureau of Standards, Special Publ. 341 (1970) (Damage in Laser Materials).
[29] G. L. ROGERS, Handbook of Gas Laser Experiments. Butterworths Med. and Scient. Publ. 1970; P. GÖRLICH u. K. SUMI, phys. stat. sol. (a) **2** (1970) 427;
M. BERNDT, H. FRANKE u. P. GÖRLICH, phys. stat. sol. (a) **1** (1970) K95.
[30] Vgl. z.B. T. E. GORDON u. L. SMITH, Laser Focus **6** (1970) 37.
[31] Vgl. T. M. CUNNINGHAM u. D. W. HILL, Laser **2** (1970) 60, No. 3;
M. BRUMA, Laser **2** (1970) 57, No. 3;
R. W. KOBYLNYK, Optical Spectra **4** (1970) 57, No. 7.
[32] Vgl. z.B. M. J. RUDD, Optics Technology **1** (1969) 264.
[33] T. A. COOL, J. A. SHIRLEY u. R. R. STEPHENS, Appl. Phys. Lett. **17** (1970) 278;
H. G. WAGNER u. J. WOLFRUM, Angew. Chemie **83** (1971) 561.
[34] E. G. BARTANJAN, E. S. BARTANJAN, R. A. KASARJAN u. R. G. MANUTSCHARJAN, Mitt. Erewan Staatl. Univers. Nr. 3 (1970) 140;
E. S. BARTANJAN u. R. A. KASARJAN, Mitt. Erewan Staatl. Univers. Nr. 1 (1971) 35;
R. A. KASARJAN, R. G. MANUTSCHARJAN u. S. S. GASPARJAN, Mitt. Inst. angew. Physik der Akad. Wiss. Armen. SSR (1971).
[35] R. T. HODGSON, Phys. Rev. Lett. **25** (1970) 494.

SITZUNGSBERICHTE DER SÄCHSISCHEN AKADEMIE DER WISSENSCHAFTEN ZU LEIPZIG

MATHEMATISCH-NATURWISSENSCHAFTLICHE KLASSE

Band 107

Heft 1 Prof. Dr. OTT-HEINRICH KELLER, Die Homologiegruppen der Flächen 3. Ordnung 1965. 15 Seiten — 8° — M 2,30

Heft 2 Prof. Dr. FRANZ RUNGE, Grignard und die nach ihm benannte Synthese 1966. 17 Seiten — 3 Abbildungen — 8° — M 2,30

Heft 3 Prof. Dr. KARL SCHMALFUSS, Zur Kenntnis der Bodenbildung 1966. 13 Seiten — 4 Tabellen — 8° — M 1,40

Heft 4 Dr. BODO RENSCHUCH, Verallgemeinerung des Bezoutschen Satzes 1966. 41 Seiten — 8° — M 4,50

Heft 5 Prof. Dr. med. ROLF EMMRICH, Realität und Theorie des Alterns 1966. 20 Seiten — 9 Abbildungen — 8° — M 2,60

Heft 6 Prof. Dr. WILHELM MAIER, Nichteuklidische Volumina 1967. 20 Seiten — 16 Abbildungen — 8° — M 2,80

Heft 7 Dr. LOTHAR VON WOLFERSDORF, Zur Berechnung optimaler Strategien für Spiele über dem Einheitsquadrat mit an der Hauptdiagonalen unstetigen Auszahlungsfunktion 1968. 53 Seiten — 8° — M 5,70

Band 108

Heft 1 Prof. Dr. PAUL GÖRLICH / Dipl.-Phys. DETLEF GÜLDNER / Dr. HANS-JOACHIM POHL, „Elektronische Spaktralmessung“ mit steuerbaren Photovervielfachern 1967. 12 Seiten — 9 Abbildungen — 1 Tabelle — 8° — M 2,10

Heft 2 Prof. Dr. MANFRED GERSCH, Neuroendokrinologie der Insekten 1968. 33 Seiten — 12 Abbildungen — 1 Kunstdrucktafel — 8° — M 4,—

Heft 3 Prof. Dr. HASSO ESSBACH, Die Bedeutung der Morphologie in der Heilkunde 1968. 16 Seiten — 1 Textabb. — 13 Abb. auf 8 Kunstdrucktaf., davon 11 vierfarbig — 8° — M 12,80

Heft 4 Prof. Dr. OTT-HEINRICH KELLER, Über eine Definition von S. Lefschetz in der topologischen Schnittheorie 1969. 29 Seiten — 1 Abbildung — 8° — M 4,—

Heft 5 Prof. Dr. WOLFGANG TUTSCHKE, Das Reziprozitätstheorem für eine Klasse pseudoholomorpher Funktionen mehrerer komplexer Variabler 1969. 19 Seiten — 8° — M 5,50

Heft 6 Prof. Dr. WALTER BREDNOW, Vom Lavater zu Darvin 1969. 31 Seiten — 14 Abbildungen im Anhang — 8° — M 3,30

Heft 7 Prof. Dr. FRANZ RUNGE, Organische Disulfimide in Wissenschaft und Technik 1970. 24 Seiten — 2 Abbildungen — 8° — M 3,30

Band 109

Heft 1 Prof. Dr. ERICH RAMMLER, Über die Theorien der Braunkohlenbrikettentstehung 1970.
38 Seiten — 13 Abbildungen, davon 2 auf 2 Kunstdrucktafeln — 8° — M 4,—

Heft 2 Prof. Dr. WOLFGANG TUTSCHKE, Stammfunktionen komplexwertiger Funktionen 1970. 20 Seiten — 8° — M 3,70

Heft 3 Dr. habil. GÜNTHER EISENREICH, Zur Syzygientheorie und Theorie des inversen Systems perfekter Ideale und Vektormoduln in Polynomringen und Stellenringen 1970. 88 Seiten — 8° — M 11,—

Heft 4 Prof. Dr. med. ROLF EMMRICH, Hochdruck und Hyperlipidämie (Hypercholesterinämie) als Risikofaktoren für die Entstehung der Arteriosklerosen
1971. 23 Seiten — 10 Abbildungen — 4 Tabellen — 8° — M 3,90

Heft 5 Prof. Dr. HANS DRISCHEL, Biologische Rhythmen
1971. 57 Seiten — 31 Abbildungen — 1 Tabelle — 8° — M 6,60

Heft 6 Prof. Dr.-Ing. Dr. h. c. KURT SCHWABE, Konzentrierte Elektrolytlösungen — Thermodynamische und kinetische Eigenschaften *In Vorbereitung*

Heft 7 Prof. Dr. WOLFGANG TUTSCHKE, Konstruktion von globalen Lösungen mit verschiedenen Singularitäten bei partiellen komplexen Differentialgleichungssystemen 1972. 24 Seiten — 8° — M 4,50

Band 110

Heft 1 Prof. Dr. Dr. h. c. PAUL GÖRLICH, Über die Laser und ihre Anwendung
Vorliegendes Heft

Heft 2 Prof. Dr. HASSO ESSBACH, Zum Problem der Tumoren im Kindesalter
In Vorbereitung

Einzel- oder Fortsetzungsbestellungen durch eine Buchhandlung erbeten

Sitzungsberichte bis Band 106
durch das Zentralantiquariat der Deutschen Demokratischen Republik, Leipzig,
ab Band 107 durch den Akademie-Verlag, Berlin, zum Teil noch lieferbar

AKADEMIE-VERLAG · BERLIN

Kolibri 360 GmbH
Ferdinand-Jühlke-Straße 7
99095 Erfurt, Deutschland
produktsicherheit@kolibri360.de